神奇动物在哪里

鲨鱼

[法] 卡蒂·佛朗哥◎著

杨晓梅◎译

吉林科学技术出版社

鲨鱼的祖先

鲨鱼出现的时间比恐龙要早得多。有些鲨鱼牙齿化石的年代距今已有40亿年。少数保存完整的化石让科学家们得以了解部分种类的鲨鱼。不过，鲨鱼的起源至今还是一个未解之谜。由于不同化石的年代差异太大，有时两具骨骼相隔了数万年，因此我们很难准确地了解它们的进化过程。

目前世界上的主要鲨鱼种群出现在约1亿年前。

化石

研究鲨鱼化石是一项艰苦卓绝的工作，而研究灭绝物种更是难上加难。虽然它们的牙齿可以被完好地保存下来，但它们的软骨骨骼却极易分解，这也是完整的鲨鱼化石稀少而珍贵的原因。上图里的小鲨鱼化石距今已经有6500万年了。

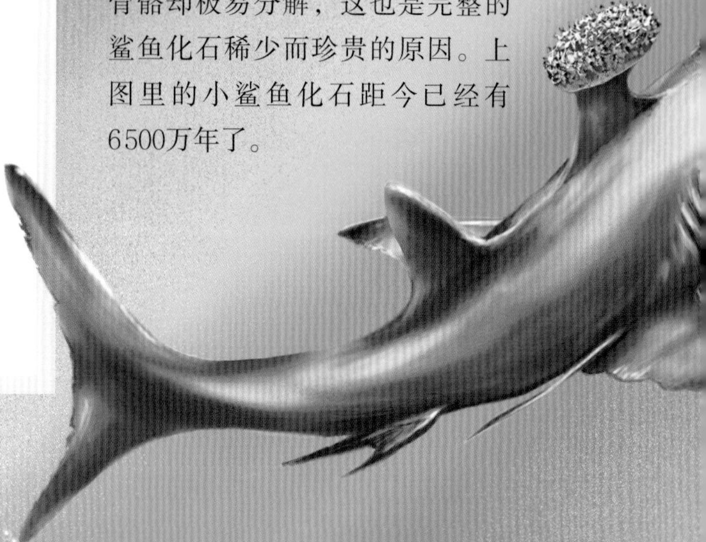

背上奇怪的铁砧

胸脊鲨背上长着形如铁砧的鳍，上面覆盖着密集的齿状鳞，头部也有。这是它们的防御武器，还是求偶的工具，抑或是利用它将自己固定在更大型的鱼身上，借此漂洋过海，科学家们还无法给出一个确切的答案。

① ②

远古时期的鲨鱼

裂口鲨（图①）是一种身长1米的小型鲨鱼，3.6亿年前便已经存在，现已灭绝。它以甲壳类或小型硬骨鱼为食。它虽然行动敏捷，却还是常常落入体形巨大的邓式鱼（图②）之口，邓氏鱼是当时的海洋霸主。与现在的鲨鱼不同，裂口鲨的嘴不在腹部一侧，腭骨的活动角度也很小。

螺旋排列的牙齿

旋齿鲨生活在2.8亿年前。这种3米长的大型鲨鱼以棱菊石目（图③，与鹦鹉螺很像的软体动物）为食。与现在的鲨鱼不同，它的牙齿不会脱落，而是以螺旋态向嘴里移动生长。这样的螺旋形直径可达30厘米，包含160多颗牙齿，我们还不清楚这种现象的原因。

③

旋齿鲨的牙齿化石

漫长的黄金年代

在超过2亿年里，弓鲨（图④）足迹遍布于海水与淡水区域。它腭骨张开的角度大大超过了祖先，因此成了高效的猎食者，可以给予猎物致命一击，直到它最大的天敌——鱼龙（一种水生爬行动物）出现，弓鲨的黄金年代才终结。

④

弓鲨与恐龙均灭绝于6500万年前，那时进化程度更高的现代鲨鱼已经出现。

水中噩梦

与现代鲨鱼相似的巨牙鲨生活在2000万年前，凭借巨大的体形称霸了当时的海洋。这种可怕的食肉动物体长可以达到15米，体重达20吨，相当于6头大象的重量。

它嘴巴打开的距离超过一位成年男人的身高，牙齿长度可以达到15厘米。巨牙鲨的灭绝可能是因为食物减少与竞争者——虎鲸的出现。

巨牙鲨的牙齿化石

非凡的鱼类

鲨鱼属于软骨鱼纲，即骨骼全部由软骨组成的鱼。因此，它们强壮的身体具备柔软与轻盈两大特点。虽然不同种类的鲨鱼外形千差万别，但它们身上还是有很多共同点的，其中包括先进的繁殖模式与超强的感觉能力。我们现在发现的鲨鱼有370种以上，小的可以用手拿起，大的体长可以达到18米。

皮肤

鲨鱼皮上有许多细齿保护，即由牙本质与牙釉质构成的鳞片，如同牙齿一般。最好不要随便抚摸鲨鱼，不然你的手很可能会严重擦伤。水通过这些密密麻麻的细齿流过皮肤表面，不会产生任何漩涡，这让鲨鱼的游动更加快速。科学家从鲨鱼皮的构造中获得灵感，发明了人造鲨鱼皮，应用在泳衣上，使人类游泳的速度大大提升。

鳍与尾

速度型的鲨鱼都有一条大大的尾巴。强壮的尾部可以帮助它们快速向前游动。喜欢潜在海底、速度较慢的鲨鱼，如下图中的星鲨，则长着细长又柔软的尾巴，便于它们在错综复杂的岩石间钻来钻去。鱼鳍起到了稳定器的作用。背鳍可以让鲨鱼避免翻转，上半身的胸鳍则可以用来改变行进方向或紧急停下。

巨大的肝脏

鲨鱼没有鳔这种利用空气调节让自身上浮或下沉的器官。它们的肝脏（图①）里有满满的油，比水更轻，帮助它们漂浮。肝脏重量有时候占到了鲨鱼体重的1/4。在饥饿时，油脂也可以转化为能量。一顿饱餐之后，鲨鱼可以两个月不进食。

感觉"武器库"

鲨鱼有着惊人的嗅觉，哪怕附近水域里有一滴血也闻得出来！它的夜视能力很强，还有着超强的听力，能听到人类听不到的声音。除了发达的感觉器官，体侧线（图②，大部分鱼类都有）可以帮助它确定猎物、敌人或障碍物的位置。这一条细细的线上排列着许多感受器官，能感受水流的运动。鲨鱼的另一种武器是劳伦氏壶腹（图③），可以让鲨鱼感应到生物电场，也能起到罗盘的作用。

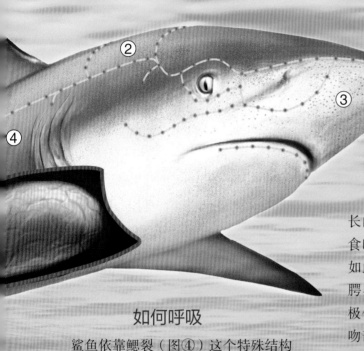

可怕的腭部

在过去，人们认为鲨鱼受长长的吻部干扰，从而不得不在进食时将脑袋侧着。然而真相并非如此。与硬骨鱼不同，鲨鱼的上腭与头骨并不相连，所以活动性极佳。在撕咬猎物时，鲨鱼抬起吻部，上腭向前推出，形成角度极大的开口。一只3米长的鲨鱼咬合的力量相当于一件3吨重的物品落在我们脚上。

如何呼吸

鲨鱼依靠鳃裂（图④）这个特殊结构从吞入的水中将氧气"捕取"出来。活跃的鲨鱼必须不停游动，保证一直有水流通过鳃裂，才能摄入足够的氧气。活跃度低的种类则利用肌肉的鼓动造成水压，让吞下的水被鳃裂"吸"出。

神奇的牙齿

有些鲨鱼的牙齿有20排之多。平常用到的只有第一排牙齿。其他是备用牙，如同传送带一样慢慢向外，逐渐替换掉磨损的旧牙。一条鲨鱼一生中最多会换2万颗牙齿。在不同种类的鲨鱼身上，不同形状牙齿发挥的作用也不同：碾碎（图⑤），撕裂（图⑥），切割（图⑦）。右图中沙虎鲨的长牙看着十分恐怖，但其实作用不大，因为它都是将猎物直接吞下。

扁鲨▼

扁鲨常常因为扁平的外形而被误认成鳐鱼。不过，它的确是鲨鱼。与鳐鱼不同，它的胸鳍与头部并不相连，鳃裂也位于身体两侧，而非腹部。它独特的外形是为了适应海底的生活。在猎食时，它会躲在沙里埋伏，待小鱼游过时，再张开嘴巴一口将它吃掉。

大部分鱼类的受精是在体外完成的。雌性与雄性分别将卵子与精子排入水中。但鲨鱼则是体内受精：雌性与雄性需要交配。雄性鲨鱼会用力咬住雌性鲨鱼，用这种方式表达它的热情。也许是因为这样，雌性鲨鱼的皮肤才会比雄性厚2～3倍。

鲨鱼的好伙伴▶

鲨鱼身边常常围绕着一群向导鱼（图①）。它们负责解决鲨鱼饱餐后的剩饭残羹。长印鱼（图②）则利用自带的吸盘附着在鲨鱼身上，一边轻松旅行，一边为鲨鱼清理身上的寄生生物。有些鲨鱼还会专门前往"清洁站"，让鱼虾替它清理。经验丰富的虾会钻进鲨鱼的鳃裂中清理寄生虫。在清洁过程中，鲨鱼会张大嘴巴，一动不动，让牙齿也可以被好好清洁到。

鲨鱼前进时会引发水流。向导鱼则会顺着水流前进。有了鲨鱼的陪伴，向导鱼格外有安全感。不过，有时它们也会被鲨鱼吃掉。

①

②

不同的生殖方式

不同鲨鱼有着不同的生殖方式。有些是卵生——雌性将受精卵排到体外。有些是卵胎生——受精卵留在母体内，幼体所需营养通过胎盘获取，而非卵黄提供。6~12个月后，发育完全的鲨鱼宝宝才会来到世界上。

猫鲨是卵生鲨鱼。雌性产下的卵有一层保护膜，上面还有细长的须，可以附着在水生植物上，不至于随着水流漂走。

在有些卵胎生鲨鱼中，第一个孵化的幼体会吃掉母亲肚子里其他还处于受精卵状态的兄弟姐妹。

还有些鲨鱼是胎生。胚胎在母体中通过脐带与胎盘相连。胎生鲨鱼每次可以产下2~100只小鲨鱼。下图中展示了一只柠檬鲨出生时的情景。

幼鲨的成长

雌性鲨鱼绝不是温柔的母亲。它甚至要分泌一种抑制饥饿的物质才能保证不在生产时将孩子吃掉。鲨鱼宝宝出生之后，就要独自生活了，有些会在浅海区域生活一段时间，避开猎食者。下图中的小豹纹鲨身上长有特殊的纹路，可以将自己伪装起来，不被敌人发现。长大后，这些纹路会消失。

分布地区

从南到北，从浅海到深海，每一片海域都能寻到鲨鱼的踪影。有些鲨鱼喜欢特殊的生活环境，例如淡水流域、极地附近或不见天日的深海。有些则常常出没于热带地区的珊瑚礁旁，因为那里生物众多，意味着食物丰富多样。在远洋生活的鲨鱼都是游泳高手，善于追踪行动敏捷的猎物（鲭鱼、金枪鱼等）。

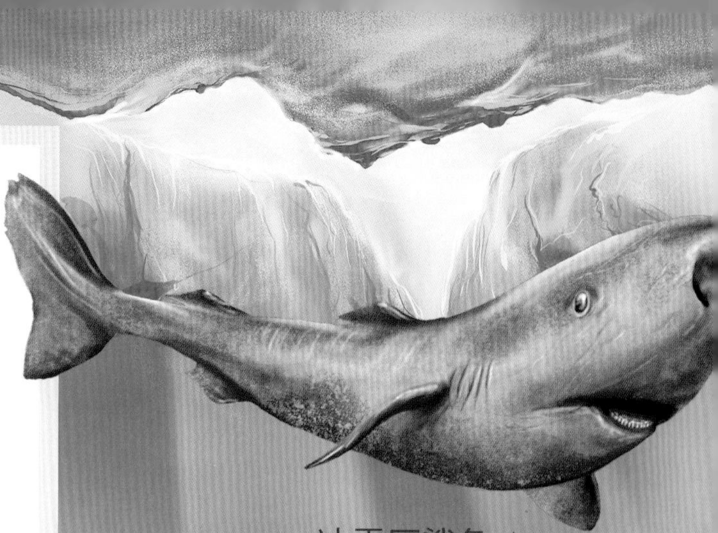

冰雪区鲨鱼▲

小头睡鲨又叫格陵兰鲨，喜欢在极地的浮冰下游弋。它们常常浮出海面，猎杀海豹或海豚。在深海中，它们眼皮上附着的散发荧光的甲壳类，可以将鱼儿吸引过来。

①

尖吻鲭鲨（上图）的"跳跃"能力十分惊人：它们可以跃出水面4米之高。这当然是为了摆脱身上讨厌的寄生生物。

远洋区鲨鱼▶

尖吻鲭鲨（图①）是速度最快的鲨鱼，最高速度可达80千米/时。大青鲨（图②）是耐力冠军，可以花好几周的时间完成横跨海洋的长距离迁徙。远洋白鳍鲨（图③）又叫作"长鳍真鲨"，这还得名于它们身上狭长的鳍。

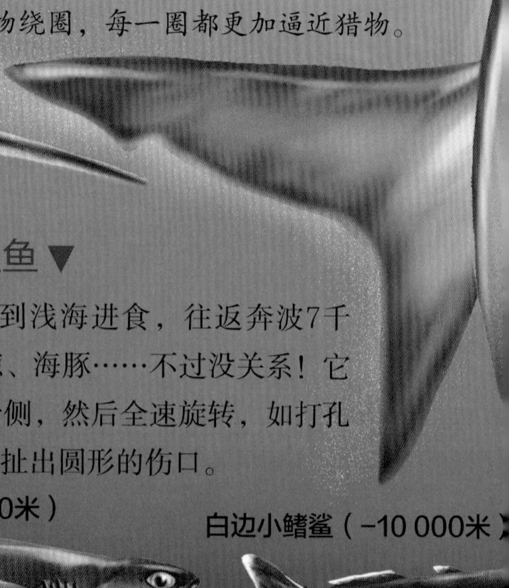

②

③

在进攻之前，大青鲨会围着猎物绕圈，每一圈都更加逼近猎物。

深海区鲨鱼▼

深海鲨鱼一般体形不大，体长通常为几十厘米。它们的侧边与腹部会发光。

游离区鲨鱼▼

每天晚上，雪茄达摩鲨都要来到浅海进食，往返奔波7千米。它的猎物体形都比它大得多：鲸、海豚……不过没关系！它利用带吸盘的嘴将自己固定在猎物身侧，然后全速旋转，如打孔器一般，用尖利的牙齿在猎物身上撕扯出圆形的伤口。

黑腹乌鲨（-2 000米）

雪茄达摩鲨（-3 500米）

白边小鳍鲨（-10 000米）

④

⑤

淡水区鲨鱼 ▶

恒河真鲨（图④）是唯一生活在淡水中的鲨鱼，它们以鱼类为食。公牛鲨（图⑤）会随着季节变化在浅海与淡水间来回迁徙。

公牛鲨常常出没于河流中。喜欢在河中游泳的人要格外注意，它是最危险的鲨鱼。

黑尾真鲨在受到威胁时会拱起背部。

珊瑚礁区鲨鱼 ▼

白顶礁鲨（图⑥）白天常常一动不动，躲在洞穴或岩块之下。夜晚来临时，它们会出来捕食小型鱼类。铰口鲨（图⑦）的鼻孔前缘有一对鼻须，可以侦测沙子里软体动物与甲壳类的位置。它的胸鳍如同脚，可以帮助它在礁石上攀爬。

6

当小鱼躲进岩石缝中时，铰口鲨会将嘴唇贴近石缝，用力一吸，制造出强劲的水流，将猎物带出来。

⑦

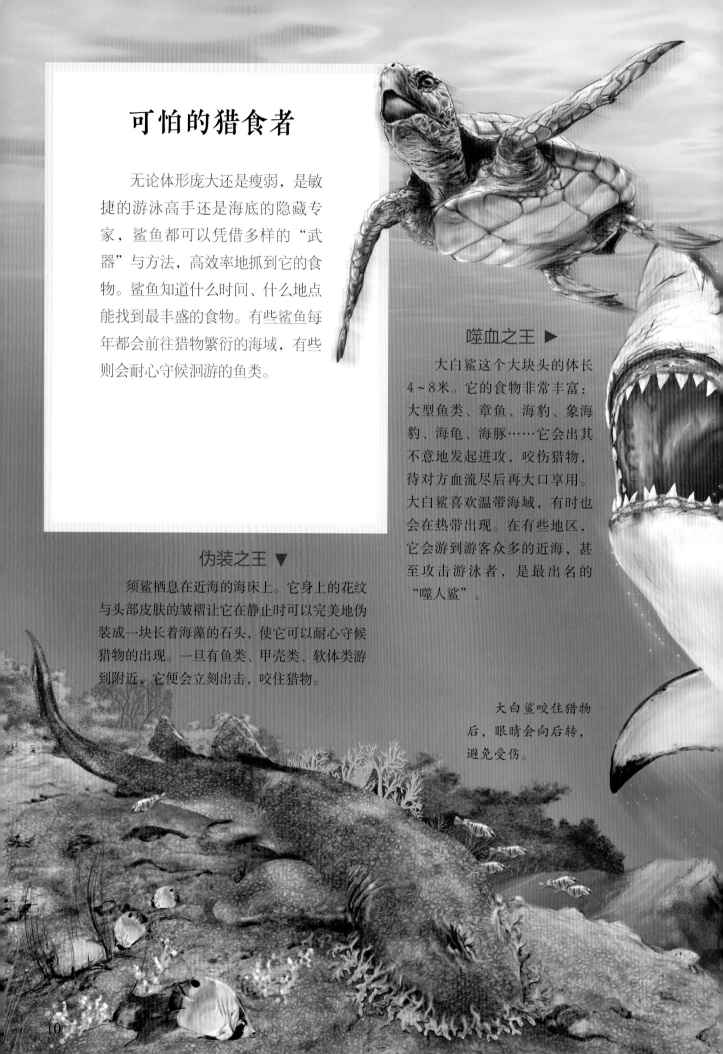

可怕的猎食者

无论体形庞大还是瘦弱，是敏捷的游泳高手还是海底的隐藏专家，鲨鱼都可以凭借多样的"武器"与方法，高效率地抓到它的食物。鲨鱼知道什么时间、什么地点能找到最丰盛的食物。有些鲨鱼每年都会前往猎物繁衍的海域，有些则会耐心守候洄游的鱼类。

噬血之王 ▶

大白鲨这个大块头的体长4~8米。它的食物非常丰富：大型鱼类、章鱼、海豹、象海豹、海龟、海豚……它会出其不意地发起进攻，咬伤猎物，待对方血流尽后再大口享用。大白鲨喜欢温带海域，有时也会在热带出现。在有些地区，它会游到游客众多的近海，甚至攻击游泳者，是最出名的"噬人鲨"。

伪装之王 ▼

须鲨栖息在近海的海床上。它身上的花纹与头部皮肤的皱褶让它在静止时可以完美地伪装成一块长着海藻的石头，使它可以耐心守候猎物的出现。一旦有鱼类、甲壳类、软体类游到附近，它便会立刻出击，咬住猎物。

大白鲨咬住猎物后，眼睛会向后转，避免受伤。

团队猎手▼

大部分鲨鱼是孤独的猎手。不过，乌翅真鲨会组成群体进行捕猎。它们围住鱼群，将它们赶到沙滩上，再扭动身体将鱼吃掉。

每年，鼬鲨都会来到信天翁的筑巢地，毫不留情地吃掉正在学习飞翔的雏鸟。

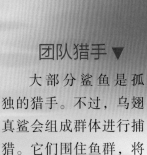

海中老虎▶

鼬鲨因为身上的斑纹（成年后会变淡）又得名虎鲨。这种鲨鱼咬合力极强，性情凶猛，生活在热带地区靠近海岸的浅水地带。它什么都吃，人们曾在这种鲨鱼的胃里发现鞋子、油漆罐，甚至是汽车号牌。它总是毫不犹豫地进攻其他鲨鱼、幼鲸或小型鲸，甚至海蛇。对人类来说，这是一种极为危险的鲨鱼。

大白鲨一口可以咬住30千克重的食物。

有用的尾巴▲

长尾鲨分布于热带与温带的远洋地区。它的特征是有一条长长的尾巴，几乎与身体一样长（两者加起来可达6米）。它先用尾巴将猎物（鱼群）聚集起来，然后尾巴如鞭子般把它们击昏，接下来就可以尽情地美餐一顿了。

温顺的巨物

　　这类鲨鱼大部分体长不超过1.5米，但有一些身躯比较庞大。不过请别害怕，它们几乎只以浮游生物为食，毫无攻击性。它们张着大嘴，一次吞下大量的水，依靠鳃耙这个筛子般的结构，在排出水的同时将食物保留下来。这些鲨鱼还长有细小的牙齿，但几乎派不上用场。

最大的鲨鱼 ▼

　　鲸鲨的体长平均为12米，最长可达18米。它虽然主要吃浮游生物，但偶尔也会吃鱼虾。有时，它会在水下，张开巨大的嘴，将路过的鱼群吸入口中。如果吞下的猎物太大，它的胃会像口袋一样反过来，再打一声响亮的嗝，把食物吐出去。

迷一般的鲨鱼 ▼

　　人类在1976年才发现巨口鲨。对于这种鲨鱼，人类所知甚少，因为它很难捕捉。它主要以浮游生物为食，有时也会吃小型水母。

　　巨口鲨的身体柔软，充满胶质，游泳技术很糟糕。它们经常被抹香鲸攻击，皮肤上的伤口就是证明。它们的嘴唇闪着磷光，应该是为了在黑暗的海水中吸引猎物。

叹为观止的巨嘴 ▶

姥鲨有着巨穴一般的腭与伸展性超强的嘴。在进食时，它们每个小时过滤的水量可以填满一座标准泳池。冬天，姥鲨似乎会停止进食，游到深海中生活。

姥鲨的鳃裂非常长，几乎将头部与身体全部分离。

姥鲨是体长9～12米的海中巨兽，分布于寒带与温带海域。在法国，人们又叫它"旅行者"，这是因为它会随着季节变化进行超长距离的迁徙。人们曾经看到过数量超过500条的姥鲨群。

除了地中海地区，在全球的热带与温带海域都能见到鲸鲨的身影。它们嘴巴张开的高度可达2米。它们的皮肤有些地方厚达15厘米，可以防止被海豹或其他鲨鱼咬伤。鲸鲨的寿命可达80年，而普通鲨鱼通常能活20～30年。它们有时会为了觅食组成临时的小团体。这种鲨鱼天性好奇，潜水员能很容易地靠近与抚摸它们。

长相好笑的鲨鱼

澳大利亚虎鲨的嘴看上去像猪鼻子，可以把藏在海底的软体动物、甲壳类与海胆赶出来。它的背鳍上有尖刺，能吓跑天敌。

雌性澳大利亚虎鲨产下的所有卵子都被一层奇怪的膜包着，在水流的作用下，像钉了一样插入海底的泥沙中。

长相丑陋的鲨鱼

欧氏尖吻鲛的嘴巴像马蹄铁，上面是鸟喙般尖尖的颌骨，看上去十分吓人。这种鲨鱼很罕见，生活在1 200米的深海中，以鱼类、乌贼、章鱼等为食。直到现在，人类对它的了解依然非常有限。

不要将锯鲨（下图）与锯鳐混为一谈。后者体形更大，是鳐鱼的一种，嘴巴上没有鱼须。

自带武器的鲨鱼

锯鲨的嘴巴扁平，边缘长着锋利的牙齿，作用应该是将沙子中的甲壳类与软体动物赶出来，或是摇摆头部来重击附近的小型鱼类。雌性锯鲨分娩时，幼鲨嘴上的刺是收起来的，避免发生意外。

双髻鲨常常组成数量庞大的群体，最多可达500条。有些会在白天聚集，晚上则分开捕猎。科学家曾在路氏双髻鲨中看到完全由雌性组成的群体，这类聚集似乎通常发生在交配期之后。

头部奇怪的鲨鱼

双髻鲨得名于它脑袋的特殊形状，游动时头部还会左右摇摆。由于它的眼睛与鼻孔间隔很大，所以视野很广。宽宽的脑袋如同飞机的机翼，保证了它在水中的稳定性与行动时的灵活性。它在捕捉章鱼这类灵巧的猎物时，可以比其他鲨鱼更敏捷，转弯的角度更小。世界上一共有9种双髻鲨。

右图中的无沟双髻鲨是双髻鲨中体形最大的，喜欢独来独往。它体长为4~6米，爱吃鳐鱼。在捕猎时，它会用脑袋将鳐鱼顶到海底，让它无法动弹。鳐鱼身上的毒刺对它不起作用。科学家曾在无沟双髻鲨的嘴巴与喉咙中发现超过50根毒刺。

鲨鱼的近亲

与鲨鱼一样，鳐鱼、银鲛都属于软骨鱼。大约1.5亿年前，鳐与鲨鱼走上了不同的进化之路。鳐总目下的鱼类大部分以甲壳类与软体动物为食，用扁平的牙齿将猎物压碎再吃掉。双吻前口蝠鲼生活在海洋中上层，主要摄食浮游生物。银鲛是鲨鱼的远亲，栖于深海中。

魔鬼鱼 ▲

双吻前口蝠鲼有"魔鬼鱼"的俗称，因为它头部有两个长长的角。角的作用是将富含浮游生物的海水引向口中。在分娩时，雌性经常跃出水面，如上图所示。小魔鬼鱼刚出生便有80厘米长，10千克重。出生后小魔鱼会立刻展开胸鳍，潜入较深的水域。

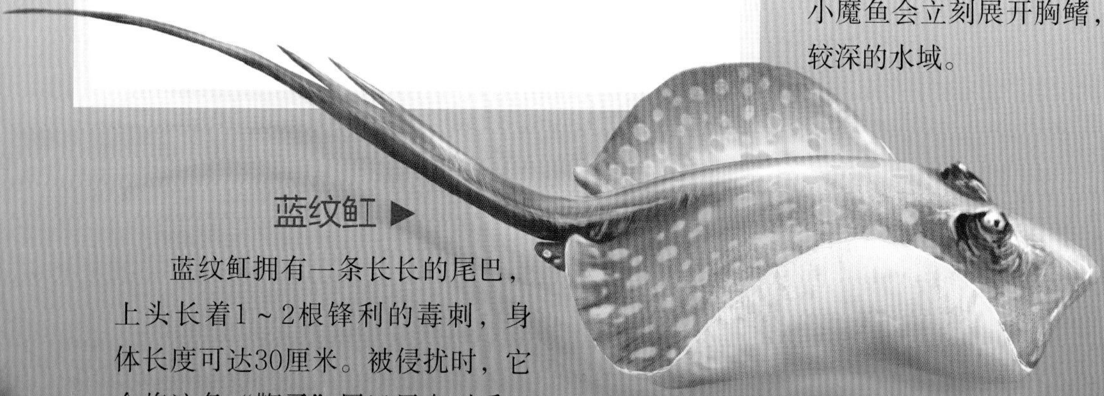

蓝纹魟 ▶

蓝纹魟拥有一条长长的尾巴，上头长着1~2根锋利的毒刺，身体长度可达30厘米。被侵扰时，它会将这条"鞭子"尾巴甩向对手，划出疼痛难忍的伤口。在海底觅食时，它会用力吹起沙子，将猎物赶出来。

世界上有上百种不同的蓝纹魟。其中，长有蓝色斑点的生活在珊瑚礁中。

海中吉他 ▼

及达尖犁头鳐的身体扁平，尾巴宽阔，形似乐器吉他。有些品种在淡水中生活。在恐龙时代，它就已经存在了。

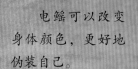

电鳐可以改变身体颜色，更好地伪装自己。

双吻前口蝠鲼
体形巨大，翼展为
4～7米宽。体重可
达1.5吨。它游动
时胸鳍起伏，身姿
十分优雅。

海中燕子▼

鹞鲼的嘴巴形似鸟喙，可从
海底的泥沙中找出软体动物与甲
壳类。它们移动时常常组成几百
只的大型队伍，整齐的动作使它
们如同一支飞行编队。

滑稽的脑袋 ▼

与鳐鱼、鲨鱼一样，银鲛也具
备"电觉"，感知鱼类、甲壳类与软
体动物的存在。它们大部分时间待在
海底，用胸鳍的顶端固定身体。在法
国，人们也叫这类鱼为"海耗子"，
因为它们的牙齿与啮齿动物很像。

叶吻银鲛又叫"象
鱼"。长长的吻部是翻
动泥沙觅食的好工具。
它游动的速度很慢。

电击武器 ◄

为了自我防卫或让猎物昏迷，电
鳐可以释放出强烈的电流。有些种类
的电鳐放出的电可达220伏特。千万
要与它保持安全距离。

恐惧与迷恋

鲨鱼，光是这个词就能引发无限的联想。在恐怖电影中，鲨鱼常常以嗜血怪兽的形象出现。然而，大部分鲨鱼毫无攻击性，却白白承受着骂名。它们中只有一小撮习性凶猛，其中最可怕的有大白鲨、鼬鲨和公牛鲨。在美拉尼西亚等地，人们崇拜鲨鱼，有许多与鲨鱼有关的神话传说。

神话传说

在美拉尼西亚，鲨鱼被奉为神明。在所罗门群岛，传说鲨鱼诞生于妇女的腹内，所以人们对这种鱼十分尊敬。太平洋上的其他岛国则相信人死之后，灵魂会寄居在鲨鱼身上。

一座美拉尼西亚的鲨鱼神灵雕塑。

鲨鱼为什么会攻击人类

鲨鱼喜欢吃人的说法绝对是错误的。大部分时候，鲨鱼只会咬一次猎物，然后退到一旁等待，而非直接吃掉。因此，与其说"鲨鱼会吃人"，更准确的说法是"鲨鱼会咬人"。对于一条饥饿的鲨鱼来说，什么也无法阻止它去捕食。

危险地带

鲨鱼攻击人类的事件，绝大部分发生在经常有危险鲨鱼出没的沿海地带。例如，美国加州的海岸就是大白鲨最集中的地区。在远洋地区，也出现过鲨鱼攻击海难或空难幸存者的事件。

被鲨鱼袭击的绝大部分案例的受害者都是行为莽撞的潜水者，原本对人类无害的鲨鱼可能会因为受到威胁或领土被侵犯而进攻人类。另外，有些潜水者还会用带血的诱饵来引诱鲨鱼。鲨鱼还可能因为噪声和水波而感到兴奋。

鲨鱼还可能攻击那些无视浮标和"此处有鲨鱼出没"警示牌的游泳者。

鲨鱼常常把冲浪者当成海龟或海豹。

坏名声

从前，水手们说饥饿的鲨鱼会为了吃人而紧紧跟着船只。其实，鲨鱼只是被船上扔下的残羹剩饭吸引。在法语中，鲨鱼（requin）一词最初的意思是"为死人而祈祷"，因为大家相信任何看见鲨鱼的人都无法活着归来。如今，我们知道鲨鱼并不是传说中嗜血残暴、喜好杀人的怪兽。虽然它们中的某些种类性情凶猛，但只有在特定情况下才会威胁人类的生命。

这幅版画描绘了流放犯人与鲨鱼搏斗的景象。

大部分鲨鱼袭击事件都发生在保护网以外的地区。

保护网

有鲨鱼出没的海洋浴场外围都设有保护网，浮标标识了这些网的位置。每一天，都有专人检查这些网的状态。被网困住的鲨鱼会在记录后被重新放归。

危险

19

来自外界的危险

工业捕鱼每年会杀死数百万只鲨鱼。由于鲨鱼繁殖能力比普通鱼类弱得多，所以它们的数量很难恢复。污染也是可怕的鲨鱼杀手。在动物界，有些鲨鱼与海豚会攻击其他鲨鱼。其实，海豚与鲨鱼之间的关系是复杂而微妙的。

每一天，海洋里都漂浮着超过5万千米的渔网，比地球的周长还要长。然而，这些渔网捕获的猎物中，90%对人类来说都是无用的。

死亡之墙

渔民们将这些看上去像排球网的渔网放入海中，希望捕获金枪鱼等鱼类。这些网有40米高，10千米长。很多鱼根本无法发现它们的存在。每一年，成千上万只鲨鱼、海豚、海龟与海鸟都会因为被网缠住而丧失生命。

触目惊心

每年都有几万只鲨鱼在被割掉鱼鳍后扔回海里。这些鲨鱼往往死于饥饿或窒息，因为它们无法游泳，所以无法获得氧气。通常，它们很快会丧生于其他鱼类之口。

有些国家立法禁止垂钓某些濒危品种，例如大白鲨或沙虎鲨。如今，我们鼓励海钓者将猎物放归海洋，不过并不是每只鲨鱼都能活下来。它们常常因为抗争，最后力竭而死。

因污染而死的鲨鱼。

污染的受害者

环境污染对鲨鱼的影响特别大。水中的污染物会停留在鲨鱼体内，这些污染物会导致鲨鱼中毒、器官衰竭、丧失繁殖能力等后果。

海豚——亦敌亦友

有些海豚会把鲨鱼当作食物，有些则只是为了保护自己的孩子而发动攻击。它们围着鲨鱼转圈，用吻部撞击鲨鱼的肝脏部位（左图）。有时，鲨鱼与海豚又会联合起来，互相协作——海豚制造气泡墙将鱼群往水面赶，鲨鱼则围在周围，避免鱼群逃走。

研究鲨鱼

观赏鲨鱼没有那么容易。有些种类的鲨鱼经常迁徙，有些则对人类非常警惕，还有一些则很危险。另外，在潜水时跟着鲨鱼一起游弋难度也很大。通常，只有在海洋馆中才能观赏到鲨鱼，不过也只有少数几个种类。另外，在人工饲养的环境下，鲨鱼的行为与在自然界中有很大不同。人类目前还不了解鲨鱼的很多行为，有许多问题等待着科学家的进一步研究。

近距离接触

为了靠近危险的鲨鱼，科研人员、摄影师、纪录片导演会利用一种钢铁制造的笼子。它极为坚固，与船相连。金属笼如同一个电场，刺激鲨鱼发动攻击。

防鲨服

需要接近中小型鲨鱼的潜水员通常会穿着一种由金属网制成的连身服，很像中世纪骑士身上的盔甲。这种特殊的服装可以保护他们不被鲨鱼咬伤。

获取信息

为了了解鲨鱼的生活习性，研究它的成长，估算年龄，科学家们会在鲨鱼的背鳍上固定一个带数字编码的标签。这个数字对应的档案会记录下鲨鱼被发现的日期、地点、体长与重量。放归海洋之后如果再遇到同一只鲨鱼，那么档案内容也会进行相应的更新。

鲨鱼攻击笼子时，会咬住金属杆大力摇晃，笼子里的潜水员也会被摇晃得东倒西歪。有些旅游公司会向游客提供这样的笼中观赏鲨鱼的项目。

一大块金枪鱼肉吸引了这条大白鲨来到笼子附近。

先进的科技

想更好地了解大白鲨，必须在不打扰的前提下，融入它们。如何做到呢？把自己也变成一条鲨鱼吧。出于这个想法，科学家制造出了鲨鱼机器人。

鲨鱼机器人是一种潜水艇，人可以置身其中。它的表面纹理与移动方式和鲨鱼一模一样。连嘴巴都是可以活动的。每只眼睛都是一个摄像头。

23

LES REOUINS
ISBN: 978-2-215-08442-6
Text: Cathy Franco
Illustrations: Jacques DAYAN
Copyright © Fleurus Editions 2006
Simplified Chinese edition © Jilin Science & Technology Publishing House 2021
Simplified Chinese edition arranged through Jack and Bean company
All Rights Reserved

吉林省版权局著作合同登记号：
图字　07-2016-4669

图书在版编目（CIP）数据

鲨鱼 / （法）卡蒂·佛朗哥著 ； 杨晓梅译. -- 长春:
吉林科学技术出版社，2021.1
　　（神奇动物在哪里）
　　书名原文: shark
　　ISBN 978-7-5578-7754-5

　　Ⅰ. ①鲨… Ⅱ. ①卡… ②杨… Ⅲ. ①鲨鱼—儿童读
物 Ⅳ. ①Q959.41-49

中国版本图书馆CIP数据核字(2020)第199776号

神奇动物在哪里·鲨鱼
SHENQI DONGWU ZAI NALI·SHAYU

著　　者　[法]卡蒂·佛朗哥
译　　者　杨晓梅
出 版 人　宛　霞
责任编辑　潘竞翔　杨超然
封面设计　长春美印图文设计有限公司
制　　版　长春美印图文设计有限公司
幅面尺寸　210 mm×280 mm
开　　本　16
印　　张　1.5
页　　数　24
字　　数　50千
印　　数　1-6 000册
版　　次　2021年1月第1版
印　　次　2021年1月第1次印刷

出　　版　吉林科学技术出版社
发　　行　吉林科学技术出版社
地　　址　长春市福祉大路5788号
邮　　编　130118
发行部电话/传真　0431-81629529　81629530　81629531
　　　　　　　　　81629532　81629533　81629534
储运部电话　0431-86059116
编辑部电话　0431-81629518
印　　刷　辽宁新华印务有限公司

书　　号　ISBN 978-7-5578-7754-5
定　　价　22.00元